U0380736

画说柑橘

画说柑橘

【日】河濑宪次●编文　　【日】石丸千里●绘画

温州蜜橘，椪柑，柚子，金桔，
柠檬，凸椪，葡萄柚，还有橙子，
这些都是我们平常食用的柑橘伙伴。
柑橘的种类很多，
个个都清香可口。
从远古时代起，
柑橘就是一种很重要的水果，
与人类一同生息繁衍。
培育柑橘虽然不容易，
但是自己种出来的果实
一定分外香甜！

温州蜜橘

柑橘

中国农业出版社

1 柑橘、橙子、柠檬、金桔巧分辨

一说起蜜橘，大家就会想到温州蜜橘和甘夏吧。
蜜橘的同类有八朔、伊予柑、凸椪、金桔，柚子等。
从大类上划分，它们都属于芸香科，其中结果实的叫做柑橘类。
柑橘类的水果有很多品种，我们可以把它们分为几类。
那么要用什么方法来给柑橘分类呢？
橙子、葡萄柚、柠檬和温州蜜橘属于不同的品种吗？

柑橘类

柑橘类大致可以分为三种：1. 柑橘属；2. 金桔属；3. 枸橘属。我们平时吃的柑橘类，除了金桔外，其他的都是柑橘属。另外还有一种叫做枸橘的枸橘属品种，一般被用作搭建树篱，这种枸橘结黄色的果实，却不能食用。

好剥**皮**！ 不好剥皮！

我们平时吃的柑橘属水果其实也分好多种呢。除了温州蜜橘，你还能想到几个柑橘属水果的名字呢？伊予柑、八朔、夏蜜橘、椪柑、文旦、脐橙、橙子、柠檬、柚子、卡波苏香橙、葡萄柚、还有……酸柠檬吧。柑橘属的种类很多，分类方法也不少，而且有时也会出现例外，这里我们根据柑橘的利用方式和食用方法来将柑橘大致分成以下几类：1. 皮好剥的一类；2. 皮不好剥的一类；3. 主要利用酸味的一类；4. 像金桔那样不剥皮直接吃的一类。

皮好剥的一类：
温州蜜橘 纪州蜜橘
椪柑 春见
不知火（凸椪）
克莱门氏小柑橘
酸柠檬 等

主要利用酸味的一类：
柠檬 青柠
德岛酸橘 柚子
花柚 卡波苏香橙
代代橘（酸橘）等

皮不好剥的一类：

甜橙（脐橙、巴伦西亚橙等）

尹予柑　夏蜜橘（甘夏）

八朔　清见

涌柑　葡萄柚

文旦（sabon）西米诺尔橘

日向夏（小夏）

白金柚（甜橙）　等

带皮吃的：
金桔

2 柑橘来自印度和中国，逐渐传播到西方

大家试着想一下，世界上消费最多的水果该是什么呢？估计柑橘与苹果、葡萄、香蕉一样是排在前列的吧。柑橘的食用方法多样，可以直接吃，也可做罐头、果酱和蜜饯。在当今世界，很多柑橘类水果每天都会出现在家家户户的餐桌上。但是，柑橘原产于印度和中国，对于西方国家来说是一种新的作物。12 世纪的酸橙，15 世纪的甜橙，到了 19 世纪柑橘总算传入了欧洲。

亚洲的古老作物

大约在 3 000 万年前，柑橘的祖先诞生于印度东部的阿萨姆这一亚热带气候区附近。不久就开始从阿萨姆向缅甸北部和中国云南地区传播，并进化出很多不同的品种。现在的这些品种是经历了非常漫长的时间才进化出来的——先是在原产地阿萨姆东南部出现酸橙，之后在偏西的地区出现柠檬，然后又相继出现了文旦、酸橙和甜橙。这之后不久出现了容易剥皮的柑橘的祖先——印度橘，之后出现了更多种类的柑橘。由于受到人们的喜爱，柑橘很快在世界范围内被广泛种植，另外，人们不断选择味佳的柑橘来种植，许多种类和品种便由此诞生了。

西方的新作物

原产于印度的柑橘，不久后开始向西越过沙漠，进入中东和近东，最终到达地中海沿岸地区。自哥伦布发现美洲大陆后，人们就开始在西印度群岛上种植甜橙等品种。半野生化种植带来了更多的杂交品种，这其中就有我们熟知的葡萄柚。

香柠檬

克莱门氏小柑橘

青柠、代代橘、柠檬、椪柑、甜橙

柚子
金桔

温州蜜柑

酸柠

文旦

日本终于迎来了柑橘！

日本列岛本土的柑橘品种有柑橘和冲绳的平实柠檬。公元1世纪前后，印度和中国的柑橘品种开始传入日本。在奈良时代（8世纪），又从中国传入了叫做"甘子"的柑橘，它被广泛种植在现在的静冈县和神奈川县等地，并作为实物税和贡品上交给朝廷。公元9~16世纪，人们在进口的柑橘品种和日本当地播种的柑橘中发现了变异品种，这样便增加了新品种。在这个时期，中国浙江的小柑橘传入了以日本熊本县八代地方为中心的地区，并开始了广泛的栽培。鹿儿岛县樱岛地区、大分县津久见地区和和歌山县（纪州国）也大面积种植小柑橘，大商人纪伊国屋文左卫门还曾用柑橘货船向江户运输小柑橘（纪州橘），并受到了人们的欢迎。这种纪州橘的全盛时代一直持续到日本明治时代前半期。

温州蜜橘时代

这之后进入了温州蜜橘的时代。温州蜜橘的原产地是日本鹿儿岛县长岛地区。关于它的由来，有传说去中国修行的僧侣们从浙江省温州市带回了柑橘种子，并将其播种在船舶停靠的地方——长岛，之后种子生根发芽，继而结出了温州蜜橘。可是，尽管有人认为温州蜜橘的原产地是中国温州，但经过调查发现，在中国并没有相同的品种。所以目前人们普遍认为，温州蜜橘是柑橘种子在长岛经过杂交或突然变异才产生的。但是日本现在种植的温州蜜橘已经不再是当年鹿儿岛县长岛地区的那个品种了，现在的温州蜜橘口感更好，更容易栽培，种类和品种也更多。

原产地和传播路径

葡萄柚

3 朝气蓬勃喜高温，白色花朵惹人爱

柑橘的原产地在印度和中国南部，由此可以看出它是喜欢温暖环境的作物。除了枸橘之外，其他柑橘都是冬季也不掉叶的常绿树种。柑橘树上一直都是有叶子的，但每片树叶的寿命大概是一到两年，之后就会脱落。第一年的叶子叫新叶，第二年的叶子叫旧叶。虽然一年到头都会有旧叶脱落，但大部分的旧叶还是会在新叶变绿之后，或是在寒冬时节凋落。

柑橘花

柑橘根据品种不同，花的大小也不一样。比如叶子和果实都较大的文旦，花也会比较大（直径 5 厘米），叶子和果实都比较小的柑橘和金桔，它们的花就比较小巧可人（柑橘花直径为 2.5 厘米，金桔花为 2 厘米）。温州蜜橘的花的大小介于这二者之间，直径大约 4 厘米。大部分的柑橘花都是白色的，但柠檬等品种比较特殊，花蕾和外侧花瓣可能会是淡紫色的。

翼叶

柚子

葡萄柚

温州蜜橘

叶子上有小翅膀

有的柑橘树叶比较奇怪，叶柄的两边会有翅膀形的小叶子（翼叶）。比较典型的有文旦、葡萄柚和柚子。温州蜜橘和橙子的翼叶较窄，柠檬、纪州橘则基本上没有翼叶。

新枝

了每年 4 月份，柑橘开始发芽、伸枝、散叶。
时长出的树枝叫春梢。树龄短果实少的柑橘
，由于长势迅猛，在 7 月前后会再次发芽伸
，我们叫它夏梢。如果长势更好的话，9 月
后还会发芽，我们叫它秋梢。

开花坐果的树枝

柑橘的芽有很多种。有的只会长成枝叶，有的则会变成有叶花（枝叶和树梢上开出的一朵柑橘花），有的会长成直花（没有枝叶，只开 1~2 朵花）。坐果的树枝都是前一年长出的。树龄短的小树都是在春梢、夏梢和秋梢的顶端坐果，树龄 8 年以上的大树几乎只长春梢，所以果实结在短枝的顶端，这个短枝是由春梢的叶片根部处发出的侧芽长成的。

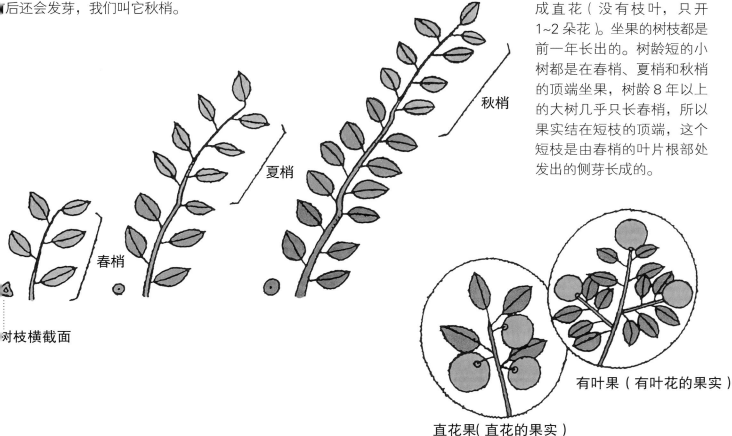

秋梢

夏梢

春梢

对枝横截面

有叶果（有叶花的果实）

直花果（直花的果实）

柑橘有刺

很多品种的柑橘枝条上都有刺，这些刺是由树叶蜕变而来的。就像一首诗中描述的那样："枸橘之刺，扎在身上，痛在心里 。"枸橘的叶片根部几乎都有刺，以前人们为了防止他人的侵入，都是用枸橘的枝条做树篱。除此之外，有刺的品种还有柚子和德岛酸橙等。文旦和柠檬是否带刺因品种而异。野生的柑橘刺很多，经过长期的品种改良，现在的品种几乎已经没有刺了，比如温州蜜橘、纪州蜜橘和椪柑等。

温州蜜橘的果树

枸橘

4 内果皮来自叶片，果肉来自叶子的绒毛！

我们吃橘子时，一般用手剥掉外皮，然后就连内表皮一块吃下去了。这对我们人类和其他动物来说简直像吃零食一样方便啊。很多水果都努力结出好吃的果实，这是为了让野生动物吃到它的果肉，从而把种子带去远方。所以说，橘子食用方便，就像自然形成的零食一样，也就不足为奇了。其实，橘子的果肉是由叶子及叶子上的绒毛变来的，很不可思议吧！

内表皮是树叶变来的

如果我们仔细观察桃子和樱桃，会发现它们的表皮上有一条竖线。事实上，那条竖线是一片叶子变成一个果实时形成的一条封口线。这条线在橘子的外表是看不出来的，但是剥开橘子皮会看到粘在内表皮上像叶脉一样的白筋，这些白筋叫做维管束，是用来输送养分和水分的管道。也就是说大约11片叶子组合成一串会形成一个柑橘果实。

果肉是叶子绒毛变来的

每一个橘子瓣里都装满了果汁饱满的小果粒。牵牛花和向日葵的叶子长着绒毛，晚白柚等品种的柑橘叶子上也有绒毛哦。为了储存果汁，树叶上的绒毛逐渐膨胀，之后就长成了橘子里面的小果粒，并且每个小果粒都跟内表皮外的白色维管束连接着。叶子内侧的绒毛储存果汁，树叶卷起变成内表皮，由若干片树叶变来的橘子瓣组合在一起，最终形成了果实。很不可思议吧！

英国靠青柠打了胜仗

说到柑橘，大家就会想到维生素C吧。很多动物可以在自身体内产生维生素C，但人类和猴子却不行。维生素C是维持生命的必需元素，所以我们不得不从食物中摄取。而且由于它无法长时间在体内储存，因此我们要不断地靠食物补给来获取它。对于人类来说，每日必需的维生素C含量等于1个柠檬或葡萄柚，或者2~3个温州蜜橘。据说在大约200年前的欧洲，即使发生战争，士兵们最多也只能在军舰上呆2周时间，原因是缺乏维生素C。人类体内只能储存供4周使用的维生素C含量，缺乏维生素C会导致坏血病甚至死亡。所以当时即使军舰靠岸后接近了敌方，士兵们也根本没法打仗。据说当时英国军队的强大是因为他们食用了青柠，英国靠青柠取得了战争的胜利，说的就是这个道理。

可防癌

此外，柑橘还富含能强化血管、预防高血压的类黄酮。夏蜜橘、葡萄柚、文旦等里面的苦味就是一种类黄酮，不苦的成分里也含类黄酮。近年来，人们开始关注柑橘中橙色色素里具有抗癌作用的 β–胡萝卜素和 β–隐黄质，β–隐黄质的抗癌能力甚至比 β–胡萝卜素高出5倍。文旦、柚子、金桔等品种的果皮中的橙皮油素也具有抗癌作用，多吃橘子等水果可以降低癌症发病率。类黄酮中的蜜桔黄素等物质也具有抗癌和抗过敏的作用。蜜桔黄素一般存在于纪州蜜橘、椪柑、桶柑和酸柠檬等品种中。

5 形状味道丰富多样

柑橘属包括很多品种。虽然有好几种分类方式，但有趣的是，温州蜜橘属于温州蜜橘种，柠檬属于柠檬种，两者属于不同的种。由此可见柑橘还真是个大家族呢！

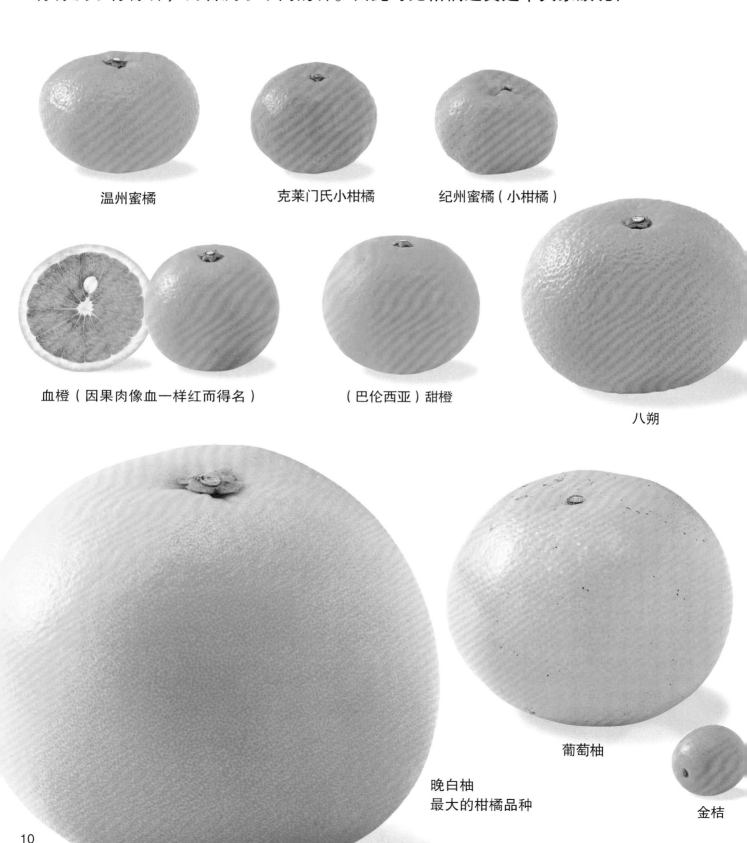

温州蜜橘

克莱门氏小柑橘

纪州蜜橘（小柑橘）

血橙（因果肉像血一样红而得名）

（巴伦西亚）甜橙

八朔

晚白柚
最大的柑橘品种

葡萄柚

金桔

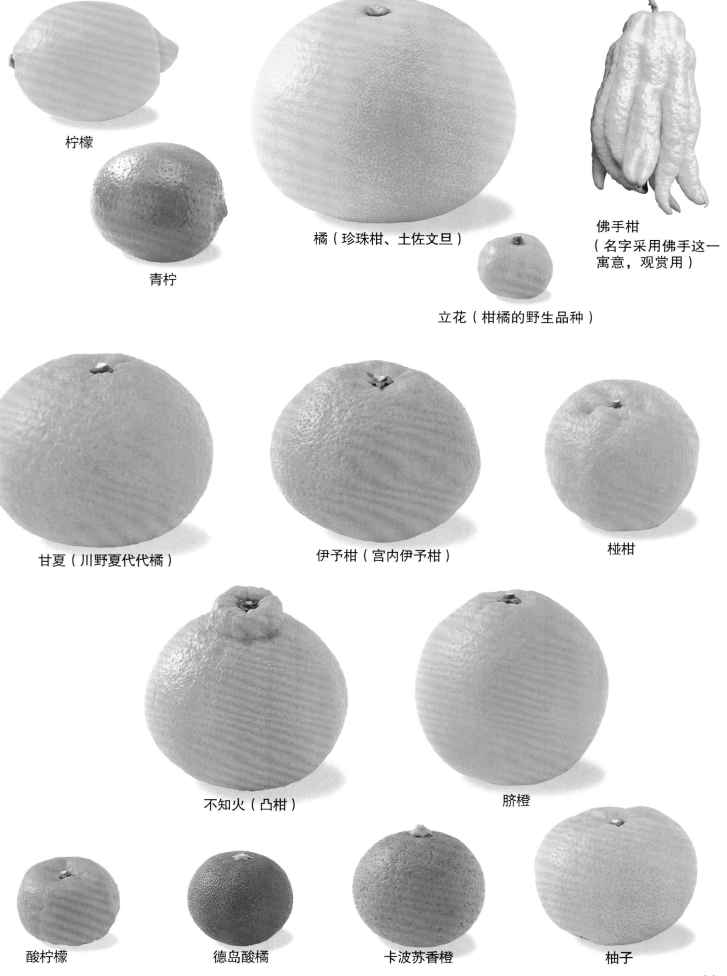

柠檬

青柠

橘（珍珠柑、土佐文旦）

立花（柑橘的野生品种）

佛手柑
（名字采用佛手这一
寓意，观赏用）

甘夏（川野夏代代橘）

伊予柑（宫内伊予柑）

椪柑

不知火（凸柑）

脐橙

酸柠檬

德岛酸橘

卡波苏香橙

柚子

11

6 寒冷地区需盆栽（栽培日志）

耐寒性强的柑橘品种依次是柚子、金桔、温州橘和纪州橘，稍弱一点的是八朔橘、甘□和凸柑，其次是椪柑、脐橙、伊予橘和文旦，最弱的要数柠檬了。用盆栽的话，虽然□料起来比较辛苦，但只要坚持到可以将盆移进室内的时候，就可以确保柑橘的成活了。

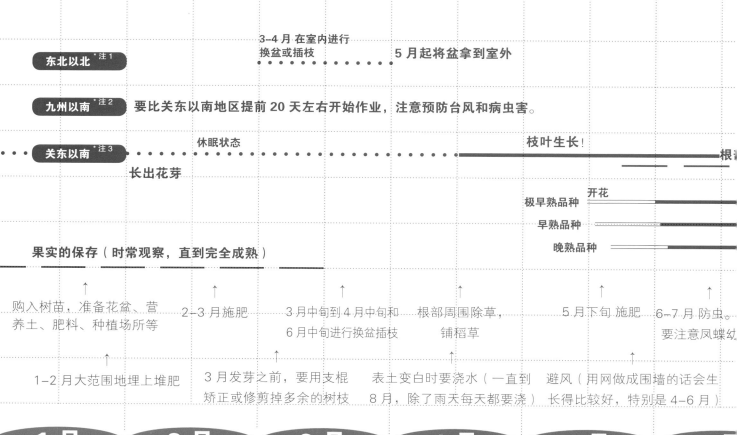

东北以北 *注1

3-4 月 在室内进行
换盆或插枝

5 月起将盆拿到室外

九州以南 *注2　要比关东以南地区提前 20 天左右开始作业，注意预防台风和病虫害。

关东以南 *注3

休眠状态

枝叶生长！

根

长出花芽

极早熟品种　开花

早熟品种

晚熟品种

果实的保存（时常观察，直到完全成熟）

购入树苗，准备花盆、营养土、肥料、种植场所等

2-3 月施肥

3 月中旬到 4 月中旬和6 月中旬进行换盆插枝

根部周围除草，铺稻草

5 月下旬 施肥

6-7 月 防虫。要注意凤蝶幼

1-2 月大范围地埋上堆肥

3 月发芽之前，要用支棍矫正或修剪掉多余的树枝

表土变白时要浇水（一直到8 月，除了雨天每天都要浇）

避风（用网做成围墙的话会生长得比较好，特别是 4-6 月）

1月　2月　3月　4月　5月　6月

树枝和果实的样子

头一年生长出的处于冬眠状态的枝条。

树梢开始发芽。

嫩芽长成叶子，白色的花蕾盛开了。

花瓣脱落，□出小果实，□叫生理落果树枝停止生长树叶的绿色□深，旧叶脱落

* 注 1：日本东北地区位于日本本州岛北部，包括青森、岩手、秋田、山形、宫城县、福岛六县。* 注 2：日本九州地区位于日本西南部，包括九州岛和周围 1 400 个岛□气候高温多雨，南部和冲绳属亚热带气候。* 注 3：日本关东地区通常指本州以东京、横滨为中心的地区，位于日本列岛中央，为政治、经济、文化中心。

本东北以北的地区到了冬天地培植物会因严寒而枯萎，所以需要盆植。3–4 月在室内进行移盆和插枝，5 月前将花盆拿到室外，10 月再拿回室内。

本九州以南的地区，果树的生长和培植都要比关东以南地区提前 20 天左右，并且要注意台风和病虫害。

10 月之前把盆移到室内

枝叶成长！（果实稀少期）　　　　　　枝叶成长！（果实稀少期）　　　　　　休眠状态 ·········

　　　　　　　　根部生长　　　　　　　　　　　　　　根部生长

果实成长！　　　　　　　　　　渐黄　　　　收获！

果实成长！　　　　　　　　　　　　渐黄　　　　　　收获！

果实成长！　　　　　　　　　　　　　　　　渐黄　　　　　　收获！

果实的保存

为预防台风，提前绑好树枝，立好支棍，把盆移回室内。

月上旬疏果
25 片叶一个果
比例来将多余
小果实摘掉。

7–9 月 果实将树枝压弯时，为防止果树倒下，要吊起主枝。

11–12 月 收获后立刻施肥，然后浇水

将果实放在室内通风良好的地方。装箱，上面用纸盖好。

月　　8 月　　9 月　　10 月　　11 月　　12 月

果实越来越大。
没有坐果的树枝上长出了夏梢。

早熟的橘子个头大，从淡绿色开始变黄。晚熟的橘子会持续生长。秋梢伸长。

早熟的橘子成熟变黄。晚熟的橘子开始变黄。果实将树枝压弯。

晚熟的橘子成熟，由黄色变为橘色。果树进入休眠状态。

13

7 两年生的嫁接树苗要移到大盆栽种!

终于可以开始种柑橘啦!首先介绍一下温州蜜橘。早熟和极早熟的温州蜜橘品种抗病能力强,易结果,且每年都能结果,因此是很容易栽培的,而且它的果实特别好吃。买来嫁接在飞龙砧木和枸橘砧木上的小树苗,不妨尝试一下1~2年就可收获的大盆栽培。二年生的树苗第二年开始坐果,三年生的树苗当年就开始坐果。至于一年生的树苗,就要等到三年后啦。

树苗的选择方法

一年生树苗只有一根立枝(之后会成为树干)。两年生树苗的树干大约有20厘米长,横向长着4~5根大小不一的绿枝条,这其中也包括从树梢伸长出的夏梢。优等树苗的判定标准大概有三点:1.从根部到树梢长着很多大小一致,颜色深绿的树叶;2.无病虫害;3.根部附着很多土壤。根部土少的话根须也少,露在外面的须根变白的话,树苗会枯萎。在飞龙砧木上培育出的枸橘树苗,体积小且果实品质优良,无论地培还是盆栽都是很适合的。如果购买三年生的树苗,当年就能坐果。

花盆和放置场所

按照盆的尺寸大小,可以选择瓦盆或塑料盆等。为了方便搬动,一年生的树苗适合用8号盆(内径24厘米),两年生的适合用10号盆(内径30厘米)。用无纺布做成的护根钵和长方形的花盆虽然各有利弊,但还是很方便的(请参照卷末解说)。至于树苗的放置场所,最好是阳光充足且避风的地方,冬天要放在温暖的地方。为了方便浇水,可以离水龙头近些。

一年生树苗

在树高25~30厘米处剪掉多余的枝干。用叶来数的话,从下往上,大约在第12片叶子的地方。

两年生树苗

又长又粗的枝条要剪掉多余的部分,留下20厘米长左右即可,修剪其根部,使其适应盆的大小。

移盆前要一直对树苗进行浮栽。因为细弱的根部容易干枯，所以正式栽培之前，要用湿报纸或塑料袋包裹树苗根部，将其放到避光处。

移盆时间和准备工作

天气转暖的 3~4 月（平均气温 10 摄氏度以上），树苗还没发芽时就可以开始移盆了。6 月树苗长出春梢的梅雨期也可以移盆。买回来的树苗为了不让其根部干枯，一定要立刻进行浮栽。移盆时也要浇完水后，用湿报纸将根部包起来，放在避光避风处。移盆要在避光处进行，移盆的土一半是由完全腐熟的堆肥、树皮堆肥（以树皮为原料）和营养土组成，另一半是田地土，将其进行搅拌即可。

移盆

移盆前或移盆后要修剪树苗。一年生的要将树苗剪至 25~30 厘米高，两年生的粗壮树枝要留下 20 厘米，剪掉多余的部分。移盆时，先在盆底的小孔上放上纱网和花盆碎片，然后用浮石和粒土（大粒的赤玉土）盖满整个盆底。之后一边放入混合好的土，一边慢慢地将树苗移入盆中。卡在花盆里过长的根茎要进行修剪，使其与盆边保持 2~3 厘米距离，并保证嫁接苗的部分高出土面 5 厘米。移盆后将土稍稍压实，然后浇足水，直到盆底渗出水印为止。为了防止浇水造成的土壤流失、杂草生长和土壤干燥，可将稻草和落叶剪成 3~5 厘米长，铺在土的表层。移盆后直到树苗发芽之前，都要保持土壤的湿润。树苗发芽后，在表土变白时再浇水就可以了。移盆后的 1 个月内不要施肥，让土壤内部的养分和水分来滋养树苗就可以了。如果是 6 月种植的话，为了使树苗逐渐适应环境，头一个月要把整个树苗放在避光处。最适宜柑橘生长的温度是 25~30 摄氏度，所以说柑橘最喜欢酷暑了。

嫁接部分要露出土面 5 厘米

嫁接处

←砧木

←堆肥或是营养土＋田地土

←浮石·粒土（盆底小孔要放上纱网或花盆碎片）

←垫板

15

8 移栽后到来年春天的管理

移盆当年，只有两年生以上的树苗会开花，一年生的树苗是不会开花的。如果开花坐果的话，对来年希望伸长的枝条上结的果要进行疏果。温州蜜橘的话，每根树枝上留5~6个果实也是没有问题的。有时由于果实太多，树枝无法正常生长，会导致第二年既不开花也不坐果。所以要尽量在移栽的那一年进行疏果，第二年起再正常坐果。

浇水

盆栽柑橘时，一定注意不断地浇水。特别是盛夏（7-8月）时节，即使8~10号盆表土铺着稻草，也要每天将水浇透，直到盆底渗水为止。浇水的时间最好是早上和傍晚，夏天往叶子上浇水也会很有效果。气温下降时，土壤不易变干，这时要根据表土层的干湿情况来浇水。

追肥

移栽1个月后，每2个月要用油渣固体肥料施肥1次，将肥料等间隔地埋入土壤，如果是8~10号盆的话要放4~5颗肥料。浇水会加快肥料的溶解，促进果树的吸收。

培养方法

盆栽的树苗和地培的相比，根部的生长会受到限制，所以树枝相对会长得规矩小巧。种植两年生的树苗时，到了第二年春天会开很多花，树枝的生长会受到限制，所以要挑出4~5根使其不坐果的树枝进行疏花，之后这些树枝会生长，到了下一年就会开花结果了。

油渣

坐果的位置

最好将粗树枝拉成水平状

向下拉

两年生树苗移栽后的管理

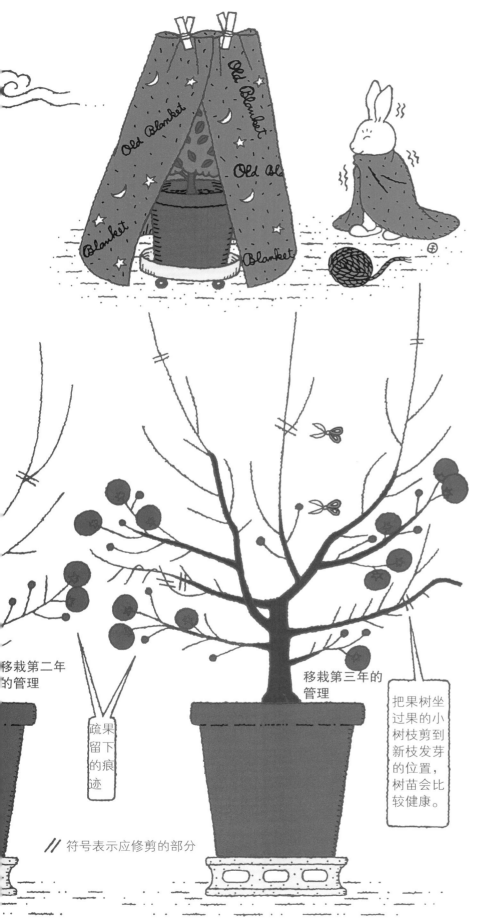

防寒

到了严寒的冬季，橘子的叶子凋落，树枝枯黄，到了零下 7 摄氏度时就完全枯萎了。要是再加上刺骨的寒风，就更不堪一击了。盆栽的话防寒工作就很方便了。在天气变冷之前将树苗移回室内，放在采光好、温度保持在 0 摄氏度以上的地方。即使在室内，晚上也最好用旧毛毯等东西盖住树苗。另外由于室内较干，要注意浇水（表层土变白时要充分地浇水）。在气候温暖的地区，也要在橘园附近架设防风网进行保护，盆栽的树苗最好移到阳光充足的屋檐下。

除草

如果土表不铺稻草的话，树下很快就会长满杂草，这些杂草会争夺小树的养分。所以要在土表铺上稻草、堆肥和落叶等，一旦发现杂草就马上拔掉。如果一开始就放任不管，等到草长大了再拔，表层的优质土壤会附着在杂草的根茎上一同被带走，所以除草工作一定要尽早。

第二年春天的管理

第二年春天的 2-3 月，在土表撒上腐烂的稻草、堆肥和有机肥料（油渣、骨粉等），然后跟 3 厘米深的土壤进行充分搅拌，再铺上新的稻草。果树结出大果实的秘诀是，在长出新叶和新枝的 5 月下旬进行追肥。这次追肥叫做壮果肥或膨果肥。关于第二年的施肥方法，可参照卷末解说。

移栽第二年的管理

移栽第三年的管理

疏果留下的痕迹

把果树坐过果的小树枝剪到新枝发芽的位置，树苗会比较健康。

// 符号表示应修剪的部分

9 终于到柑橘收获的时节啦!

五月的天空下，柑橘树开始发芽，米粒儿大的花蕾渐渐变白，变大，膨胀起来了。没过多久，在初夏微风的沐浴下，飘来阵阵清香，原来是花蕾绽开了五片花瓣，开出了纯白的柑橘花。花朵引来了欢快的小蜜蜂。之后，花瓣凋落，露出果实的雏形。夏天，柑橘树在充足的阳光下迅速成长。秋天，在早晚习习的凉风和漫山遍野的红叶中，果实渐渐变黄，终于迎来了收获的时节!

疏果

如果一根细枝上的 10~20 朵花全都坐果的话，果树会承受不了。出于自身保护，枝条上只留下 3~4 个果实，剩下的果实会自然掉落，这种现象叫生理落果。但即便是这样，有时候果实还是太多。所以为了保证果实的个头和口感，人们摘掉较小的果实来维持果树的平衡（这叫做疏果）。果实过多会抑制果实的生长，使果树疲劳，所以到了 7 月份，当果实长到直径 3 厘米左右，且生理落果完成后，就要开始疏果了。等到了 7 月下旬至 8 月中旬，果实直径达到 4 厘米左右时，要根据果实的生长情况，进行第二次疏果，这次要摘掉有伤的、形状不好的，还有较小的果实。果实开始变黄时，还要摘掉晒干的、裂开的和因过大使表皮变得凹凸不平的果实。如果是温州蜜橘的话，最后树叶和果实的数量比例应该是 25:1。这样一来，到收获的时候，会结出大小一致的佳果。如果不进行疏果的话，结出的果实小不说，果树的养分也会被果实带走，这样一来第二年的坐果率会很低。一般来说，柑橘是一年丰年（表年），一年歉年（里年），如此往复。这叫做隔年结。如果想让它一直是丰年的话，就必须进行疏果，只留下不给果树造成负担的果实。

疏果留下的痕迹

收获前的管理

果实长大后树枝会被压弯，有时甚至会折断。所以要在果实累累的树干上架起支棍，然后用绳子固定住支棍的顶端，将树枝吊起来。树枝轻松了以后，如果光照和通风条件良好的话，果实均一变色和成熟，味道也会变佳。果实开始变黄时，天气也开始转凉，所以要少浇水，这样可以保证果实的口感。

采摘的标准

果实八九成变黄时，就可以采摘了，然而等到完全变黄时再采摘的话，口感会更好。温州蜜橘要在星形的绿色花蒂变黄时开始采摘，这样会得到最好吃的果实。如果推迟到12月中旬再采摘的话，果树得不到休息，来年坐果率就会降低，成为小年。所以最好要先摘大果，剩下的等到花蒂完全变黄再摘。如果有多棵果树的话，要将所有果树两等分，其中的一半要等到大多数果蒂完全变黄再摘，剩下的一半在7月份进行完全疏果（为了让果树得到休息）。这样，虽然每年只能收获一半的果实，但却能保证果实的口感。

采摘方法

采摘时要避免果实被雨水或朝露打湿。很多品种的柑橘果实是不可以拉扯的，所以要用园艺专用的剪刀将果实减下来。还可以买到一种柑橘专用剪，这种剪子的刀尖是圆形的，不会刮伤果实。采摘时如果直接剪下果实，剪刀会伤到果皮，果皮就会腐烂，所以要剪两次：首先剪下连枝带叶的柑橘，然后再剪掉枝叶。

10 盆养三年后，最好换地种！

要想让果树常年坐果的话，就不能将其一直栽在盆里。在盆里养了三年后，不要换新盆了，最好还是换地培吧。地培时，如果有两棵以上的果树，首先要决定种植方法和想要的果树形状——是像果园那样培育成一棵一棵的大树呢，还是将树苗排列成围墙状种植呢，还是培养成小型果树呢？本章将给大家介绍地培小型果树的方法。从盆到盆的移植方法请参照卷末解说部分。

田地的准备

柑橘既怕干燥又怕潮湿，所以最好将它种植在阳光充足、通风良好、排水顺畅的地方。最好在种植前一个月的时候充分深耕松土，施上堆肥和腐叶土并进行搅拌。土表的铺草也要提前准备好。在定植前要再一次松土，拔除杂草。在不使用护根布的情况下，为了保证排水的顺畅，就要使果树种植的地方高出地面（20~30厘米），这就需要向地表加土，垄成高高的垄。

限制**根部**的生长，培育

成小果树

如果不是飞龙砧木嫁接果苗，就要在地面挖出深20厘米、直径60厘米左右的洞。为了限制果树根部生长，要铺上护根布，在布上填入10~15厘米高的土垒成垄，然后再进行种植。这样控制住根部的生长，果树就能长成小型的，且坐果情况得到改善。

移植方法

从盆里拔出果树时，要先把卷曲的根须上附着的土弄掉，将根展开再进行种植。如果根须都缠绕在一起无法分开的话，就用剪刀将其剪断并解开。

树和树之间空出2米的距离。"★"指的是枝条过密，需进行疏枝的果树。

1米

2米

一棵成熟的果树需要大概4平方米的土地。

2米　2米

在20~30厘米高的垄上种植。

去盆后，要对根须进行疏松。

树根变干的话果树会枯死，所以要经常补充水分。

系上"8"字扣，不要系得太紧，这样树枝长粗后系"8"字扣的地方也不会变细。

为预防干燥和杂草，要在整棵树下铺满铺草。

// 符号表示应修剪的部分

从主枝向外侧伸出的大树枝会结出很多好吃的果实，所以要让它充分见光。

种植方法

地培时，要选出3根粗壮健康的树枝作为主枝进行培育。具体的操作方法是：在3根主枝的外侧立起3根支棍，然后用麻绳系"8"字结把主枝顺绑在支棍上。剩下的长树枝要用绳子将它们横拽下来，使其水平生长，这样就可以长出更多的枝条了。这些新枝到了第二年会开花结果。另外，向上长的树枝要尽早剪掉。主枝长高后，每隔20~30厘米就要用麻绳将其固定在支棍上。

除草、防寒等

用铺草、堆肥、落叶盖在树根上来抑制杂草。一旦发现杂草，要立刻拔掉。浇水和施肥问题请参照卷末解说。到了冬天，要用草席、旧毛毯等，盖住每棵果树易受冻、易被寒风侵袭的地方。露出地面的树干部分也要全部盖上。被覆盖的部位见不到光也不要紧。等到寒风退去，开始解冻的时候，要提前卸下这些防寒覆盖物。此时眼前将是绿绿葱葱的果树。用塑料等材质的物品覆盖的话，由于昼夜温差太大，果树会丧失活力。

第二年春天的剪枝

第二年春天的3月份前后，对于那些盖到其他树叶上，以及向内过度生长的树枝，要用竹子进行支撑或者直接将其从根部剪掉。而那些上一年长得较晚，且树梢无生气垂下的树枝，要将长有淡绿色叶子的部分减掉。如果主枝生长健康，要一直剪到有强壮枝条的位置，使其重新生长。如果想把比主枝还强壮的树枝培养成主枝的话，就要把它系到支棍上，然后以修剪主枝的同样方法来修剪它。至于不再是主枝的树枝，就要让它水平生长。只有当主枝发枝芽时，我们才会剪掉树梢部分，其他的树枝可以不经修剪开花结果。关于疏果等工作，请参照盆栽。

11 病虫害和生理病害需提防，养些凤蝶来观察！

如果辛辛苦苦培育出来的果树患病或者生虫了，那就太可惜了。所以为了预防这类情况发生，平时就要仔细观察，弄清楚柑橘树到底需要什么，以及为什么需要。培育出好果树最重要的秘诀，就是要有一双会观察植物的敏锐的眼睛。

养些凤蝶来观察

凤蝶幼虫只吃柑橘树的新芽和新叶。所以对柑橘果树来说，它们是害虫。5龄幼虫到化蛹前，需要吃掉5~6片新叶。由于凤蝶幼虫只吃柑橘的新叶，因此在叶子多的大果树上，可以养2条幼虫来进行观察。花椒也属于柑橘科，这种植物上经常会出现凤蝶幼虫。

让凤蝶吃的树叶

5-8月凤蝶幼虫孵化出来，开始吃新叶。对于树苗和小树来说，夏梢是很重要的，所以不要让幼虫吃掉夏梢的新叶。每天都要仔细观察，如果发现树苗或小树的新芽或新叶上有凤蝶虫卵，可以用手指把它弄下来。但如果是要修剪掉的树枝新叶上有虫卵或幼虫，可以任其发展成蝶。夏凤蝶和长崎凤蝶飞过的话，一定会在果树上产卵。

缺陷、疾病和害虫

不受风雨的侵害和生气勃勃的果树，是不生疾病和害虫的前提。发现旧枝和病枝要马上剪掉烧毁，然后当垃圾扔掉。否则，如果把它们扔到树根处，疾病就会蔓延开来。

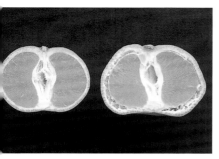

浮皮果（图右，图左为健全果）

出现在暖秋、多雨的年份。果皮和果肉间有空隙，果实虚胖。发现后要提前收获，少浇水，将果树移到通风良好的地方。

日晒果

树叶变少的话，盛夏的强烈阳光照射使果皮凹陷，变成茶色。所以要注意培育树叶多的健康果树。发现后要用竹叶等对其进行遮光或扣上纸袋。

裂果

如果忘记浇水导致果树变干后又大量地浇水，膨胀的果实会撑破果皮而裂开。要使用排水保湿性能都好的土，铺上厚厚的稻草，不要忘记浇水。

疮果病

5-6月，在新叶和果实上长出的褐色疙瘩状的疮疤。暴露在风雨中的果树比较容易长这个，所以到6月份都要格外注意。一经发现就要集中烧毁，当垃圾处理。

疮痂病

5-9月，长在新枝叶、刺和果实上的黄色病斑，其正中间是茶色的螺旋状斑点。不要让果实受风雨侵害，一经发现要马上剪下烧毁，当垃圾处理。

黑点病

6-8月发病。深绿色果实上长的小黑点，所以不易发觉。收获期的果实上如有黑点或泪痕状污点，是可以食用的。

蚜虫类

蚜虫吸食新芽和新叶的汁液。发现后可用手将其弄掉。果树不断遭蚜虫害时，要用白色的防虫细网将果树围起来。

柑橘全爪螨

全爪螨一年发生十次左右，这种螨吸食叶汁，会使树叶脱落，果实的着色变差。其代表是红色柑橘全爪螨。发现后要马上将其消灭，或用强水流冲走。

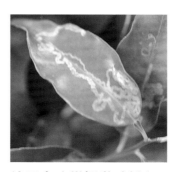

绘图虫（柑橘潜叶蛾）

5月中旬，蛾的幼虫啃食新枝和新叶的下层，留下白色弯曲的痕迹。这会导致夏梢和秋梢感染溃疡病，树叶发生变形。

星天牛

5-9月开始出现，在树干皮上产卵。2年内幼虫将吃掉果树的内部组织。因为它在近地面处产卵，所以可以用白布缠住树干下部，或者涂上白油漆来预防。

12 盆栽柠檬！

你可能会想："咦，柠檬还能自己种啊？"其实只要在不碰到雨水而且温暖的地方，就可以种出优质的柠檬。自己种出来的柠檬颜色鲜绿，味道也是最好的。平时店里卖的柠檬在果皮还是绿色时就被采摘下来，之后才变成黄色。如果将柠檬不采摘一直挂在树上的话，就会结出大大的柠檬！

树苗的选择

选择树苗时，可以选择如下品种：耐寒性较强、刺少的弗罗斯特里斯本，树木虽不强壮但开花结果早、刺又少又短的艾伦尤力克，或者烹饪尤力克。另外选择根多土壤附着性强、叶多色深的树苗比较好。

用花盆或栽培箱种植

将树苗种在大盆（10号以上）或专用容器（柑橘等的收获用箱）内。栽培用土由一半田土和一半营养土组成，营养土是把利于排水的树皮堆肥、腐叶土、砂子和赤玉土等等量混合而成的。这样就制成了适合柠檬生长的土壤，该土壤营养丰富、利于排水、不易干燥。种植的关键是冬天的气温要在零摄氏度以上，并且要避开风雨。

非常喜欢肥料

和其他品种的柑橘不同，柠檬需要大量施肥。但不能一次施太多肥，否则树根会枯萎。每个月用发酵的固体油渣和骨粉等有机质肥料施肥1~2次即可。每次施肥的量和操作方法请参考温州蜜橘。土表层泛白的时候要多浇水。如果水浇少了，肥料无法被充分稀释，树根就会受到影响，这一点一定要注意。

第二次
第一次

摘掉新芽

十月份要将向上长的树枝向下拽

像这样只留下5片树叶，将上部的多余树叶进行多次剪除的话，会比较容易开花

第二年也要同样进行

第一年

代表修剪的部位

—— 代表前一年长的树枝
---- 代表第二年长的树枝

第二年长出的树枝

第3次
第2次
第1次

摘掉新芽

第二年

移盆

移盆要在 3-4 月树苗发芽前进行，具体的操作方法与第 15 页介绍的一样。移盆前要一直保持树根的湿润，移盆时不要施肥，水要浇到从盆底渗出来为止。这些跟之前介绍的也完全一样。注意要在果树发芽后再开始施肥。

注意避雨

为了不让树苗淋到雨，最好把花盆放在有棚顶的阳台或屋檐下。另外，最适合树苗生长的温度是冬季 12 摄氏度，夏季 25 摄氏度左右。冬天把花盆移回室内，盖上毛毯，也是可以坐果的。

种植方法和其他的注意事项

挑出 3 根又长又粗的健康树枝进行培育。这 3 根树枝如果长出新枝，要摘掉新枝枝梢上的小芽，只留下 5~6 片叶子。如果从同一个地方长出 1~3 根新枝，或者长出 5~6 片叶子，也要用同样的方法摘芽。这样重复几次，树枝就越来越多了。9-10 月，要让所有树枝水平生长。为防止树枝折断，要用绳子固定树枝根部，然后再慢慢地进行弯曲。但也不必过于勉强，将树梢拉下来成弓形也就可以了。花盆外侧要缠上布，并用绳子固定。第二年接着重复第一年的做法，摘去新长出的树枝的幼芽，仅保留 5~6 片叶子，其他的强壮树枝也同样要反复摘心，然后将树枝下拉至水平角度。向上长得过高和过壮的树枝一定要从根部剪掉。不彻底剪掉的话，反而会在剪枝处接着长出壮枝。通常结出好果实的都是纤弱的树枝，所以要尽量培育出更多的短枝。细弱的枝条一长出来就开始开花、结果。柠檬不只限于春天才开花，它四季都能开花。

13 一棵果树可以同时结出柚子、臭橙和酸橘！

要是一棵果树能同时结出各种不同的果实，一定会很有趣吧。在同一棵果树上培育出温州蜜橘的早熟品种和晚熟品种虽然也很有意思，但更有意思的是同时培育出烹调用的酸橘（香酸柑橘）、柚子、臭橙和酸橘等。选择自己喜欢的酸橘品种，在柑橘树的粗枝上用高接法嫁接一棵酸橘树苗。如果成功了，一盆果树就可以结出 3~4 种酸橘呢！

准备接穗

在果树发芽前，从一年生的小树枝上剪下约 20 厘米长的树枝，这个就是嫁接用的接穗了。用剪子把接穗上的树叶剪掉，在根部包上湿报纸，然后放在塑料袋里。为了防止干燥，要把塑料袋封好，放入 5~10 摄氏度的冰箱里冷藏。在这里我们使用柚子、臭橙和酸橘的接穗。在接穗上贴上各自的标签。我们可以从朋友和认识的人那里弄来树枝制作接穗，也可以先找好合适的树苗，到时候直接剪下来制作接穗来马上进行嫁接。

包上塑料袋，放入冰箱

削掉外皮，露出形成层

剪成斜形

穗木的削剪方法

20~30 厘米

用湿报纸包好

准备砧木

一般都是用枸橘砧木，但如果能弄到嫁接在飞龙砧木上的两年生温州蜜橘树苗就更好了。挑选出长有 3~4 根比铅笔粗的树枝的树苗，在春天进行种植。

嫁接的准备

嫁接的时间一般是 4-5 月砧木新芽长到 3 厘米长的时候。但如果 4-9 月温度持续 20 摄氏度以上的话，也可以在下过雨或者浇过水的第二天进行嫁接，这样容易成功。砧木的每一根树枝都要修剪到 10~15 厘米长。然后拿出接穗，剪掉枝根，只留下 2 个小芽，再从上面 4 厘米左右的地方剪断。如图所示削开树枝，露出形成层，用湿报纸包好。反复练习后，选用形状最好的用作接穗。

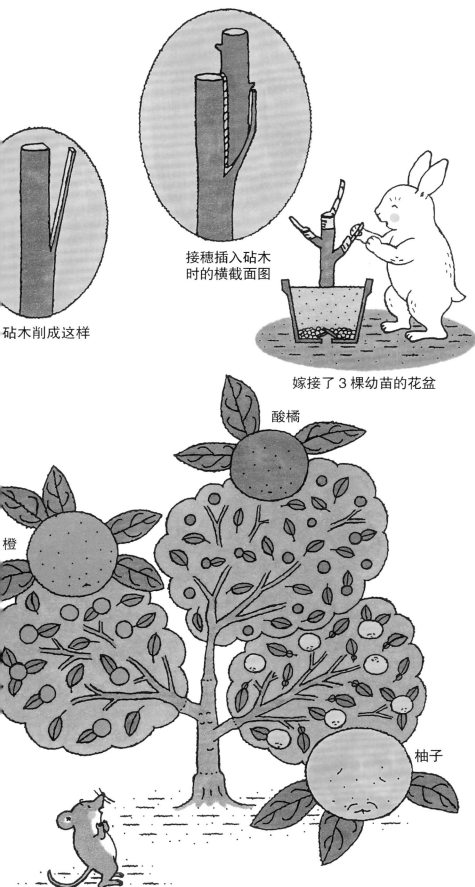

砧木削成这样

接穗插入砧木时的横截面图

嫁接了 3 棵幼苗的花盆

酸橘

橙

柚子

嫁接方法

从砧木的切口处应该可以看到木质部和绿色的树皮，如果砧木的树枝较细，就要在离树皮 1 毫米的木质处插进小刀，往下切 3 厘米。然后插入接穗，使接穗的形成层与砧木的形成层重合，并用嫁接专用胶带把它们绑在一起（胶带要边拉边绑，这样才能绑紧）。要注意不要让接穗和砧木的形成层错开。如果砧木较粗，用刀平行切进树皮，然后向下切 3 厘米深，保证砧木的截面比接穗的截面宽 1 毫米即可，树枝上面被刀切过的树皮需稍稍剥去，在这个位置上按照前面的方法插进接穗，用胶带缠好。接穗的顶部和砧木的切口处等没有粘胶带的地方，要涂抹黏合剂来预防干燥。

嫁接的小芽

嫁接后的 15~20 天，缠在胶带里的接穗开始发芽，这时用小刀在发芽的地方把胶带划成"八"字形，来让小芽得以伸展。如果将胶带整个撕掉，枝芽会干枯。胶带要一直保持一年，因为不需要砧木的小芽，所以一长出小芽就马上将其拔掉。

嫁接后的管理

如果同时嫁接三种柑橘，果树发出新芽后要立起支棍，使其向上伸展。花盆要放在避风遮雨的地方，浇水方法与第 16 页介绍的一样。另外 4 月到 10 月间，一个月要追肥一次，每次的量大概是温州蜜橘的一半。如果发现凤蝶幼虫或绘图虫要马上用手除掉。之后的一些管理请参照卷末解说。

14 果实的保存，果皮的用途试验

柑橘包括很多不同的种类，各自的特征也有所不同。比如温州蜜橘，充满甜中带酸的汁，所以刚摘下来的果实香气和口感都是极好的。但甘夏等品种，适合收获后暂时储存一段时间，这样果实中的酸味和水分减少，果实会变得更甜更好吃。还有用于烹饪的柚子和柠檬，刚刚摘取时的香味很好，同时也可以长时间储存。

果实的保存

保存柑橘果实时，注意不要密封。可以使用开洞的（可用牙签戳几个）塑料袋，每个袋子放入 1~2 个果实，然后将袋子半折。或是将报纸裁成小张，每张报纸包 1 个果实，然后把这些包好的果实放到 5~10 摄氏度的阴凉处保存。这样可以存放 2 个月左右，并保证柑橘的口感。如果存放的果实受伤就会腐烂，一颗果实腐烂了，它附近的果实也会腐烂，所以要经常观察，在果实枯萎腐烂前吃掉它！另外还可以在纸箱内装入锯末和稻壳来保存果实。以上的方法到底哪个好，大家可以自己尝试一下。

果皮的利用

把吃剩的果皮展开放在笊篱上晒干，可以用来泡澡哦。

观察柑橘的血管！

枝是怎样向果实输送养分和水的呢？我们一起来观察一下植物的血管——维管束吧。

剪下开始变黄并带有3厘米长枝条的温州蜜橘。

在塑料瓶盖内滴入五倍稀释过的红墨水，把瓶盖放在小盘子里。

在水中将枝条从距离果实7毫米处斜着剪断。

把温州蜜橘倒扣在瓶盖上，使枝的切口处浸到红墨水里。

橘皮开始萎缩的一周后，轻轻拿起橘子，擦掉墨水，用水冲洗干净。

在橘蒂附近，用手将果实掰开对半，然后用美工刀将橘蒂和枝切成两等份。从橘蒂一侧轻轻剥下外果皮和内果皮，这时我们就可以开始观察维管束是怎么连接树枝和果粒的了。

剪下带有3厘米长枝条的果实

用5倍的水稀释红墨水

1 ： 5

RED INK

在水中留下7毫米长的枝条后，将多余的部分剪掉

使树枝的切口处浸到红墨水里

红墨水液体

不用剥皮就能知道橘子有几瓣

取下甘夏等易摘取的柑橘橘蒂，用放大镜观察，我们会看到维管束的横截面。数一下维管束的个数，就可以推算出果实内有多少瓣橘子了。只是不易发现小橘子瓣，因为它紧贴在内果皮里，约2厘米左右，但通过截面上清晰的维管束还是可以确定瓣数的。顺便大家分头来数一下瓣内的小果粒吧。

15 什锦果冻、橘皮果酱、橘皮蜜饯

柑橘类水果一直在全世界受到欢迎，并被人们食用。有的柑橘是直接吃口感好，而有的柑橘是加工成果汁和果酱来吃口感会更好。这里给大家介绍一些最简单、最好吃的烹饪方法。大家一定要试着按照自己的想法来做橘子料理哦。

什锦果冻

材料:日本夏橙、温州蜜橘、葡萄柚、橙子、脐橙、凸柑、柚子等，总之，可以按照自己的喜好挑选多种柑橘来进行混合！把挤出来的多种果汁混合在一起，就能做成世上独一无二的橘子汁了！但今天我们要把它做成果冻！

1. 将 15 克明胶放在 100 毫升的水中浸泡。

2. 剥掉橘子皮，再揭开内果皮，取出里面的小果粒，需要剥出一整碗的果粒。

3. 将 400 毫升的水加热,水中放入 50 克砂糖溶解。再放入 1 小勺擦成末的果皮。

4. 将步骤 3 中的水温控制在 80 摄氏度，加入步骤 1 中泡好的明胶。明胶熔化后，放凉至 40 摄氏度左右，与步骤 2 中的果粒混合，放到喜欢的模具中冷却成固体，果冻的制作就完成了！在上面放上橘皮蜜饯和金桔蜜饯就更完美啦！

橘皮果酱

料：2~4 个日本夏橙（橘子越大做的越多，但一般情况下每个橘子可以制成 200 毫升橘皮果
）。砂糖……橘子重量的 60%~70%。柠檬汁……1 个橘子需要 1/4 个柠檬的果汁。

把夏橘切成两半，挤出果汁，用纱布进行过滤，来除去内果和种子。

2. 将步骤 1 中的果皮切成 4 份，削掉果皮内侧的白色棉状物，将果皮切成细条。

3. 将步骤 2 中切好的细条放到水里煮 20 分钟左右来去除苦味，煮到果皮变软即可。

4. 将步骤 3 煮好的果皮捞出来放在笊篱里，用冷水冲。

5. 将步骤 4 的果皮和步骤 1 的果汁跟砂糖、柠檬汁一起放到锅里，一边用大火煮一边不断去除浮沫，煮到黏稠状就好了。装入瓶子，贴上自己制作的标签！

橘皮蜜饯

料：日本夏橙、晚白柚、金桔、柚子等，以尝试各种不同的柑橘

糖……柑橘重量的 30%~35%

白糖……适量

前 4 步与制作橘皮果酱的方法相同。皮可以切成自己喜欢的形状。在这里，以把果实切成月牙形，这样果皮就切船形了。金桔的话就不用切了。

2. 锅中放入果皮、果汁和砂糖煮 20 分钟左右，然后让它自然凉下来。

3. 冷却后，在表面撒满砂糖，放在纸上晾一会儿，半干时再撒一遍绵白糖，再晾一会儿，橘皮蜜饯就完成了。

详解柑橘

不同种类和品种的产生

大家知道吗，柑橘的祖先已经诞生至少3000万年了！在这漫长的岁月中，柑橘的种类不断增加是叶芽突然变异的缘故，即由叶芽长成的树枝上长出不一样的叶子和果实。像这样，不同的品种杂交后结出杂交品种，这些品种在漫长的岁月里又反复杂交，渐渐诞生了各类品种。

人类开始从这些杂交品种里挑出好吃的品种进行栽培之后，也同样发现了芽条变异的问题，并对好吃的品种进行人工交配育种，于是我们现在的柑橘品种就越来越丰富了。

柑橘是常绿树

到了4月份，柑橘开始发芽、抽枝、不断地长新叶了，新长的枝条我们叫它春梢。树苗和果实较少甚至没有的果树，7月份左右会再次发芽抽枝，这个叫夏梢。有的果树9月份还会长枝，这就是秋梢了。另外，不难发现，气温高时长出的夏梢和秋梢上的叶子要比春梢上的大。

因为柑橘是常绿树种，所以一整年都有叶子，但一片树叶的寿命也只有一年半到两年左右，因此旧叶掉落后就会被新叶取代。一般明显的落叶是在6月份，另外在冬季，气温低，寒风侵袭，落叶会变多。树叶一少，果树就会变脆弱，所以冬天一定要注意防寒防风。

树叶、树枝和子房前一年就长好了

柑橘的果实是由雌蕊里的子房长大而成的。前一年长出的温州蜜橘的树枝叶片根部的小芽里藏着以下这些东西：①日后只会变成枝叶的部分；②枝叶和树梢上开出一朵小花（花蕾）（有叶花）的部分；③没有枝叶直接长出一两朵花（直花）的部分。橙子、文旦和柠檬这三个品种，有时也会开出像油菜花那样的流苏状花朵（总状花序）。

即使果树开花了，也不一定都能坐果。花开得越多，花谢时就越容易脱落，坐果的可能性也就越低了。以下几个原因会导致橘子花不坐果：①果树不健康（树叶少，且颜色浅)；②不开花的树枝和叶子过度生长，阻挡果花见光；③开花期雨水多（果花和小果实容易生病）等。另外，无法自花授粉的八朔橘、文旦、柚子等品种，如果附近没有

夏橘等花粉多的果树（授粉树）的话，就无法结果。

叶子上有"翅膀"

与柑橘的祖先相近的品种中，很多果树的叶柄都呈状，这是柑橘的原始形态之一。因为文旦属于这一原始族，作为文旦的自然杂交品种，八朔橘和葡萄柚等也继了它的特点，所以翼叶很大。

刺是果树年轻的标志

特别是那些从种子发芽长成的小树，或营养充足的康树枝和树苗，它们都长刺，本身有短刺的品种刺会长所以从某种程度上来说，刺是果树年轻的标志。

果皮上的小疙瘩是什么？

仔细观察柑橘皮，我们会发现上面有很多透明的小粒。这些小颗粒叫做油胞，从表皮内侧撕下来，会看到毫米左右的圆形颗粒，它们中含有芳香的成分，不同品的柑橘会有不同的特殊香味。油胞的尺寸跟果实的大小正比，文旦类的最大，柑橘类的较小，夏橘和温州蜜橘介于二者之间。根据品种不同，柑橘的油胞的分布密度1平方厘米30~150个不等。油胞是柑橘的特征，与梨上的斑点不同，它不会因气孔发生软木化而死掉，而是会直健康地存在着。

每个果实所需的叶片数和疏果

果实结在头一年长出的树枝上，或当年新发的有几树叶的枝条上，其中后者比较容易结大果。但温州蜜橘能使其长得过大，所以2~3片树叶的树枝上结出的果实较理想。另外，果实与树叶的比例是一个果对应25~30叶。如果果实的数量超过它所必需的树叶，那么不仅果的成长会受到影响，果树也会缺失养分，这样一来第二果花就会减少，几乎结不出多少果实，这一年就得休耕像这样第一年丰收和第二年歉收的种植方式叫做"隔年果"。果实数量变多时，要在7月前后（果实3厘米左大时）摘果来调整数量，这就是所谓的"疏果"。另外

夏橘和文旦这些果实较大的品种，要在果实 2 厘米大的时候就提前疏果，这样可以结出大果实哦。一般一颗果实大概对应 100 片树叶。

通常一片树叶对应 3~4 克的果实，我们可以以这个数据为基准，根据不同品种的果实重量来计算果实需要的叶片数量。

树苗的移栽

选盆 使用无纺布做的护根盆（neopot）时，最好选用 10 号盆，然后将其 70%~80% 埋入易干燥但排水性好的土壤里，这样只要浇少量的水便可。还可以选用能装下 20 千克柑橘的箱子来进行盆栽（长约 50 厘米，宽约 30 厘米，高约 30 厘米，大概需要 40 升土）。在箱子的内壁不铺上塑料膜或网布的话，土会渗出来，不易管理；土多箱沉，搬起来费劲，这些都是它的缺点，但优点是 3~4 年内都不需要再换盆了。

限制树根的生长 最初开始地培时，也要想办法限制树根的生长范围。比如，在土坑里铺上限制树根生长的苫布，果树就会长得小巧玲珑，这样就可以早坐果了。

盆的放置场所 花盆不要直接放在地上，盆底要铺上碎石块、碎石子或垫板，这样可以防止树根从盆底长出，搬动起来也方便。移盆后，放在避风、方便浇水的地方，树苗发芽后再移到阳光充足的地方。

盆栽果树不干枯的要点

与地培不同，盆栽时由于果树被局限在花盆里，如果盆土的水分和养分不足或过剩，果树马上就会受到影响，所以一定要细心管理使之健康成长。

盆栽时果树枯萎的原因 ①干燥害（没浇水）；②肥料害（鸡粪、牛粪、化学肥料使用过度）；③冻害（果树遇寒）；④虫害（天牛幼虫吃树根和树干）；⑤湿害（花盆排水不好，或盆土的原因使盆里存积水了）等。

盆栽时果树脆弱的原因 ①肥料不足；②坐果太多；③坐果期晚；④位置不好（日照不好、风大）；⑤树根太大（盆小树大，树根挤满了盆）等。

盆栽果树的施肥

移栽第 1 年 移盆后 1 个月左右再开始施肥。浇水会让土壤的一些养分流失，所以推荐使用发酵的固体油渣等有机质肥料。以 10 号盆（直径 30 厘米）为例，在与树根保持一点距离的地方埋上 6 颗左右的大粒固体肥料，盖上盆土。每隔 2 个月施肥一次，一直到 10 月份。

第 2 年以后 从果树还未发芽的 3 月份开始到 8 月份，每隔 2 个月施肥一次，10 号盆每次放 6 颗大粒的固体肥料。收获后马上再施肥一次（方法与上文相同），果树会快速恢复健康。另外，没坐果的果树也按照此方法施肥，一直到 10 月份，这对于果树的生长是很有益的。

粉末状有机质肥料 使用时参照肥料袋上的说明。如果氮、磷酸、钾的比例为 10：8：8 的话，就说明该肥料里所含的氮、磷酸、钾分别是 10%、8%、8%。10 号盆的话每个月需要均匀撒上 3 克肥料，然后浇水。一次性施肥过多的话会伤根，所以一定要注意。

地培果树的施肥

根据种植地的土壤肥力，要适当增减肥料的用量。一直用于耕作的土壤富含大量的有机物，地力很好。土地坚硬的地方地力不好，很难种植果树，所以要使用腐叶土、泥煤苔和熟透的堆肥等使土壤松软之后再种植，这样果树和果实都能长得健康，所以要注意土壤的改良。

移栽第 1 年 不需要基肥。种植后 1 个月左右期间里要浇水，以免果树干燥，1 个月之后开始用粉末状有机肥料施肥。施肥期为每年的 4-8 月。一年内要给每棵果树补充 100 克氮。前几个月一共使用其中的 75%，平均每个月补充 15% 左右，剩下的 25% 留在 10 月份使用。如果是氮元素含量为 10% 的肥料，到 8 月份为止，每棵树每个月要施 150 克，10 月份要在果树周围撒上 250 克。平时施肥后要养成将表土和肥料搅拌一下、土干了就浇水的习惯。

移栽第 2 年 第二年果树开始坐果，如果将所有的果实都摘掉让树长得更大的话，下一年就会结很多果实。一年内一棵树要施肥 150 克，2-8 月每个月施肥 10%，剩下的 30% 在 10 月份使用。如果是大树苗，第二年可以让其坐果，一棵树一年当中要施 150 克肥料，2~3 月份要施肥 30%，5 月施肥 40%，收获后马上施肥 30%。

移栽第 3 年后 此时的果树一定枝繁叶茂，树枝上满是果花和果实吧。每年每棵树要施氮肥 200 克，2-3 月施肥 30%，5 月施肥 40%，剩下的 30% 在收获后立刻施肥。为了保持树根健康，不要忘了改良土壤，1-2 月可用铲子在树周围挖出 6~8 个深 20~30 厘米的小坑或者同样深度的槽沟，然后埋入堆肥等有机物即可。

浇水

对于盆栽果树来说，浇水格外重要。天气热的时候必须每天用喷壶浇水，要注意不让土壤流失。即使是地培果树，因为前两年树根根须很少，要注意多浇水以避免根周围的干燥。

为防止干枯，要在树周围铺上稻草和树皮堆肥，在早上和傍晚浇水。如果树叶因干燥而卷曲，那么也要浇一下树叶。

盆到盆的移栽

准备材料：比现在大的盆、粒土、新土（一半是田土或院子的表土，另一半是腐叶土和营养土）、修剪专用剪、水（喷壶）、1 厘米粗 50 厘米左右长的棍子等。作业场地是背光、风少的地方。

换盆时，首先握住树干，拍打花盆外侧，然后把树干从盆里拔出来。由于树根挤满了花盆，要用剪子剪断卷曲的根须。松开外侧的根须，除去根须外围 2 厘米左右的土。用花盆或茶杯的碎片堵住新盆盆底的小孔，在盆底铺上薄薄的一层粒土（赤玉土）或砂石。放上准备好的新土，然后把树根放进去。花盆的土量要保持在离盆口 4~5 厘米，要用棍子将树干周围的土夯实，使树根和土壤充分融合。移盆后要充分浇水，直到盆底小孔渗水为止。

移盆后，由于剪掉了一部分树根，为保持树根和树枝的平衡，需要从根部剪掉向里长的树枝和过长的树枝，还要将一些枝条剪短（参考第 7、10、12 章的插图）。深绿色的、当年要开花的细枝条要注意保留下来。

新的大盆分 8 号和 10 号，可以用 13~15 升的塑料□代替 10 号盆，在桶底扎 4~5 个孔（直径 2 厘米左右），□用起来也很方便。或者用容器（用来装 20 千克柑橘的□用箱）种植。一开始就用大盆养的话，果树不容易干枯。

温州蜜橘的早熟和晚熟品种

温州蜜橘的早熟品种较易栽培。秋季后，入冬前要给被果实夺取养分的果树补充养分，恢复其健康。这样到□第二年还可以接着开花坐果。但由于晚生温州蜜橘的收□期在 12 月份，第二年会因果树的营养不良而出现不开□不结果的问题，这个烦恼会隔年出现，所以栽培起来比较辛苦。

其他柑橘品种的特征和栽培要点

（1）椪柑、纪州橘 12 月收获。将果实保存起来，放到□1-2 月会很好吃。这两个品种的果树都是小叶片，且小□都是向上发枝芽，很少会向两侧生长，所以它们的特点□小枝多。如果果树枝向上伸展，开花坐果期就会延迟，所□要使果树横向生长。挑出 3 根向上长的粗枝（主枝），□45 度倾斜，然后用立棍支撑；其他的长枝要用绳子等拉□下来，使其与地面平行生长。另外，供观赏用的果实□挂果至 1-2 月的话，果树下一次的开花和坐果情况就会□好了。

纪州橘有小橘等叫法，它在不同的地区有不同的名字，□终岁尾时市面上卖的纪州橘都是带树叶的。病害和虫害□情况和温州蜜橘一样，是很容易培育的品种。

（2）甘夏 2-3 月份收获后将每个果实装塑料袋置于阴□处保存，5 月前后正是适口的时候。易培育，冬天在树□挖 5~6 个浅土坑，埋入油渣肥料进行施肥就可以了。肥□少的土壤中生长的果树叶子小，果实也长不大。如果 1 □果实没有 100 片树叶的话，是无法长到 300 克以上的，□以果实长到直径 2 厘米时就要强行疏果。作为庭院果□甘夏是一种易栽培的柑橘品种，但小树易发溃疡病，老□易发煤污病（在蚜虫、介壳虫等害虫的分泌物中二次寄生

（3）伊予柑 从年末到次年 1 月份收获，3 月食用可口

易栽培、易坐果，但在土浅的地方种植树易衰弱。结1颗果实需要60片以上的树叶。

（4）八朔、文旦类 12月末（严寒期之前）收获，2-4月食用可口。收获后用报纸把果实包上，置于室内阴凉处保存。和其他品种的柑橘不同，这两类果树的果实如果没有果核，很容易自然落果，而且果实也长不大，所以要通过甘夏的花粉来授粉。最好在旁边种植像甘夏之类雄蕊有很多花粉的品种。温州蜜橘和脐橙的花粉非常少，起不了什么作用。

一般1个八朔的重量在250克左右，文旦类则根据品种而不同，每个果实的重量从400克到2千克不等。每个八朔橘的生长需要80片以上的树叶，而文旦类则需要100~300片。文旦类在柑橘中属于生长旺盛、坐果较晚的品种，要比温州蜜橘晚1~2年才开始坐果。文旦类一般叶子较大，易患溃疡病，比较怕雨水和风。

（5）脐橙 2月份前后成熟，最好不要在年内收获。但如果冬季严寒，大风强劲的话，就不得不在年末收获了。收获后果实继续成熟，3月前后食用可口。采摘后的脐橙用报纸逐个包好，放在筐或箱子里，存放在阴凉不上冻的地方。脐橙适合长在土层深，土质肥沃，风少且日照充足的田地里。盆栽时为了一直保持土壤的养分，要不断地一点点地施油渣。脐橙每个果实的生长需要50片以上的树叶。

（6）金桔 金桔常被用于制作蜜饯，想要生吃的话，3月份收获的金桔口感不错，而且金桔中富含的功能性成分不次于营养品哦。用于制作蜜饯等烹调用的金桔要在年末到次年1月份收获。大家一起制作蜜饯，学校午餐时一人一颗每天吃，真的很有趣呢。金桔的种植方法很简单，主要是种在排水性好的肥沃田地或大盆里，并不间断地用油渣施肥。坐果过多的话果实就长不大了，所以要在9月份按枝长10厘米左右一个果的比例来进行疏果，只留下没有大伤痕的果实。

金桔与其他品种的柑橘不同，它在4-5月不开花，只长枝叶。到了7月，当年长出的树枝会最先开花。接着每隔10天左右开第二茬、第三茬花。一茬花的果实最大，成熟期早且品质好，所以都希望能开出更多的一茬花。开

花期的气温最高为30摄氏度，最低为18摄氏度，也就是说温度要控制在25摄氏度左右，此阶段充分浇水，果实会结得更多。

（7）用于烹饪的柑橘类 8-9月，果实还是绿色的时候就用来做食用醋的话，清香扑鼻，味道更佳。最晚也要在年末采摘。酸橘和臭橙等品种在果实绿色时就要提早采摘，为了不让果实成熟，要把它们装进塑料袋，放入冰箱内保存。柚子、柠檬、代代橘等年末采摘的品种，要用报纸把果实包起来（放在稻壳里也可以），置于阴凉处保存，需要的时候再拿出来。也可以一边疏果一边用作烹饪。从冬天到春天用油渣等有机肥料给土壤施肥尤为重要。秋天降温快的地方的果实，在香气和酸味方面要胜过一直温暖的地区。

绿柠檬变黄的方法

与进口柠檬不同，日本绿柠檬从食品安全角度来说更有魅力。柠檬如果长得太大，出汁率就会降低，所以要在果实直径5.5厘米时进行采摘。将柠檬进行储存就能使果皮变黄。在这里介绍一种储存方法——把摘下来的绿柠檬放入空箱，在上面铺一层3厘米厚的带有一点湿气的锯末就可以了。这种方法可以防止柠檬在储存过程中发生干瘪和释放其中的乙烯，两个月后柠檬完全变黄，丝毫不逊于进口柠檬。

后记

在日本提起柑橘，一般指的是日本具有代表性的水果——温州蜜橘。甘夏、橙子、葡萄柚、柠檬和金桔等概括起来也可被称为柑橘类，本书介绍的均属蜜橘科的伙伴。

柑橘类水果主要在关东以南的沿海地区种植，如果冬季御寒工作做得好，温度能保持在零摄氏度以上的话，在关东以北地区也可以种植。

开始种植柑橘时，推荐从易栽培的早生系温州蜜橘种起。盆栽柑橘时，可以挑战一下柠檬和橙子等品种，在栽培过程中你将了解到它们各自的性质，并可体会观察的乐趣。

所有的植物都一样，如果你不用心栽培的话，它们会丧失活力，有时甚至需要2~3年的时间才能得到恢复。特别是果树是靠一年一年积累养分生长的，所以平常的尽心照料非常重要。

实际种植时，完全照搬本书的介绍来操作是不行的。根据天气、土壤条件和树木的健康情况等因素的不同，栽培方法各有不同。但如果每天都仔细地观察，你就会"倾听"到柑橘的"心声"，诸如"肚子饿啦！（缺肥料）""吃多啦！""渴啦！""冷啊！"……这样一来，你也成为柑橘专家了。平时一定要仔细观察，用合适的方式悉心照料，使之快乐生长。

最近进口水果越来越多了，但在食品安全方面，还是国产水果吃起来比较放心。大家品尝自己种的果实，就知道真正的柑橘是什么味道了。最后，希望大家都喜欢柑橘，让柑橘伴你健康度过每一天。

河濑宪次

图书在版编目（CIP）数据

　　画说柑橘/(日)川濑宪次编文；(日)石丸千里绘
画；中央编译翻译服务有限公司译. —— 北京：中国农
业出版社，2017.9
　　（我的小小农场）
　　ISBN 978-7-109-22738-5

　　Ⅰ.①画… Ⅱ.①川…②石…③中… Ⅲ.①柑桔类
－少儿读物 Ⅳ.①S666-49

　　中国版本图书馆CIP数据核字(2017)第035595号

■カンキツ果実提供
P10~11
独立行政法人農業技術研究機構果樹研究所 カンキツ研究部口之津
熊本県農業研究センター果樹研究所

■写真撮影　写真提供
P10~11
いろいろなミカン（ブッシュカンを除く）:小倉隆人（写真家）
P23
そうか病、かいよう病、黒点病、アブラムシ類、ハダニ類、エカキムシ（ミカンハモグリガ）、
ゴマダラカミキリ:山本栄一（元宮崎県総合農業試験場）

河濑宪次

1932 年生于宫崎县。1955 年毕业于宫崎大学农学系。曾任农林省九州农业试验场、同园艺试验场久留米分场、农林水产省果树试验场口之津分场研究室室长，同兴津分场研究室室长，同口之津分场场长，大阪府立大学教授（农学系应用植物学科，果树生态生理学专业）。1996 年被任命为熊本县农业研究中心特别研究员。现任宫崎县立大学外聘校兼职讲师，河濑技术士事务所所长。农学博士（京都大学）。获园艺学会奖，熊本县农业贡献特别奖。主要著作有《果树园艺大事典》（合著 养贤堂出版）、《果树栽培手册》（合著 朝仓书店出版）、《柑橘总论》（合著 养贤堂出版）、《果树百科柑橘》（合著 农文协出版）、《果树砧木的特性和使用》（编著 农文协出版）、《凸柑（不知火）一本通》（编著 农文协出版）等。

石丸千里

1957 年生于京都。毕业于大阪艺术大学设计专业。东京插图画家协会会员。从事海报等广告类、书籍封页、杂志等的插图工作。作品有《桃太郎校》（翻车鱼屋）、《变成了木屐》（铃木出版社）、《孙悟空》（福禄贝尔馆）、《蝴蝶飞了》（讲谈社）等。

我的小小农场 ● 9

画说柑橘

编　　文：【日】河濑宪次
绘　　画：【日】石丸千里

SSodatete Asobo Dai 11-shu 55 Mikan no Ehon
Copyright© 2003 by K.Kawase,C.Ishimaru,J.Kuriyama
Chinese translation rights in simplified characters arranged with Nosan Gyoson Bunka Kyokai, Tokyo through Japan UNI Agency, Inc., Tokyo
All right reserved.
本书中文版由河濑宪次、石丸千里、栗山淳和日本社团法人农山渔村文化协会授权中国农业出版社独家出版发行。本书内容的任何部分，事先未经出版者书面许可，不得以任何方式或手段复制或刊载。
北京市版权局著作权合同登记号：图字01-2016-5590 号

责任编辑：刘彦博
翻　　译：中央编译翻译服务有限公司
译　　审：张安明
设计制作：北京明德时代文化发展有限公司
出　　版：中国农业出版社
　　　　　（北京市朝阳区麦子店街18号楼 邮政编码：100125　美少分社电话：010-59194987）
发　　行：中国农业出版社
印　　刷：北京华联印刷有限公司
开　　本：889mm×1194mm 1/16
印　　张：2.75
字　　数：100千字
版　　次：2017年9月第1版　2017年9月北京第1次印刷
定　　价：35.80元